BIBLIOTHÈQUE
DES ÉCOLES ET DES FAMILLES

JAMES WATT

PAR

ALBERT LÉVY

DEUXIÈME ÉDITION

PARIS

LIBRAIRIE HACHETTE ET Cⁱᵉ

79, Boulevard Saint-Germain, 79

1882

Droits de propriété et de traduction réservés

STATUE DE JAMES WATT ÉLEVÉE A WESTMINTER.

JAMES WATT

C'est à notre compatriote Denis Papin et à l'illustre physicien anglais James Watt que la science et l'industrie sont redevables de la machine à vapeur.

Papin, né en 1647, conçut le premier l'idée de faire servir la vapeur au mouvement des machines; mais, dénué de ressources, il ne parvint à établir qu'un modèle très imparfait de machine à vapeur. Sa tentative fut reprise en 1707 par deux savants anglais, Savery et Newcomen; mais elle ne fut couronnée d'un plein succès que près d'un siècle après sa mort. Vers 1760, des perfection-

nements importants permirent enfin de réa-
liser d'une manière définitive la pensée de
Papin et de rendre pratique sa merveilleuse
découverte. L'illustre physicien, l'ouvrier de
génie dont les efforts complétèrent si heu-
reusement l'œuvre de notre compatriote.
s'appelait James Watt.

Le 19 janvier 1736, naissait à Greenock,
en Écosse, un enfant chétif, dont la santé
chancelante inquiéta pendant plusieurs an-
nées sa famille. Cet enfant malingre, James
Watt, devait vivre pendant plus de quatre-
vingts ans et jouir, jusqu'à la fin de sa longue
carrière, de la santé la plus robuste et d'une
intelligence qui ne subit jamais les atteintes
de l'âge.

Il appartenait d'ailleurs à une famille dans
laquelle les hommes vivaient jusqu'à un âge
très avancé. Son grand-père, Thomas Watt,
professeur de mathématiques, était mort à
quatre-vingt-douze ans; son père, constructeur d'appareils et d'instruments nécessaires

à la navigation, mourut à quatre-vingt-quatre
ans ; son fils mourut en 1848, à l'âge de
quatre-vingts ans.

James fut d'abord placé à l'école primaire
publique de Greenock. C'est également dans
une modeste école de village que furent ins-
truits : Fulton, l'ingénieur qui construisit le
premier bateau à vapeur servant au transport
des voyageurs ; Newton, l'illustre astronome
qui donna les lois des mouvements des astres ;
Descartes, célèbre à la fois comme écrivain
et comme savant.

La mauvaise santé de James obligea
sa famille à le retirer de l'école. L'enfant,
abandonné à lui-même, se livra avec ar-
deur à l'étude des sciences.

On raconte que le père de notre compatriote Pascal surprit un jour son fils, âgé
de onze ans, assis à terre et traçant sur le
sol, avec un morceau de charbon, des figures
géométriques ; l'enfant avait trouvé, sur la
seule définition qui lui avait été donnée de la
science mathématique, d'importants théo-

rèmes de géométrie. La même aventure arriva à James Watt.

Un ami de M. Watt père trouva un jour le petit James étendu sur le parquet et traçant avec de la craie des lignes entrecroisées. « Pourquoi permettez-vous, dit-il au père, que cet enfant gaspille ainsi son temps? Envoyez-le donc à l'école publique! » M. Watt répondit : « Vous pourriez bien, monsieur, avoir porté un jugement précipité; avant de nous condamner, examinez attentivement ce qui occupe mon fils. »

L'ami regarda de plus près : l'enfant de *six ans* cherchait la solution d'un problème de géométrie!

James avait un esprit méditatif; on l'accusait à tort d'être indolent. Écoutez cette curieuse histoire : « James, lui disait un jour sa tante, madame Muirhead, femme très distinguée d'ailleurs, je n'ai jamais vu un jeune homme plus paresseux que vous. Prenez donc un livre et occupez-vous utilement. Il s'est écoulé plus d'une heure sans que vous ayez articulé un seul mot. Savez-vous ce que vous avez fait pendant ce long intervalle? Vous avez ôté, remis et ôté encore le couvercle de la théière; vous avez placé dans le courant qui en sort, tantôt une soucoupe, tantôt une cuiller d'argent; vous vous êtes évertué à examiner, à réunir entre elles et à saisir les gouttelettes que la condensation de la vapeur formait à la surface de la porcelaine ou du métal poli. N'est-ce pas une honte que d'employer ainsi son temps? » James Watt avait alors quatorze ans. Quand on songe que la principale découverte de ce savant a consisté dans un moyen de transformer la vapeur en eau, n'est-il pas naturel de penser que le jeune homme, gourmandé par sa tante, songeait déjà au grand problème qui allait immortaliser son nom?

La vive intelligence du jeune James s'exerçait d'ailleurs sur tous les sujets : botanique, minéralogie, chimie, physique, poésie, médecine. Il fut surpris un jour emportant dans sa chambre, pour la disséquer, la tête d'un enfant mort d'une maladie inconnue...

Non seulement l'esprit du jeune Watt était occupé de recherches scientifiques, mais son imagination était si vive, qu'il composait instantanément des histoires, des contes qui charmaient ses auditeurs. Une de ses cousines, qui s'était chargée de l'enfant pendant un voyage des parents, écrivait à madame Watt : « Chaque nuit, quand l'heure du coucher approche, votre fils trouve toujours le moyen de faire quelque conte qui en amène un second, puis un troisième, et ces contes ont tant de charme, que les heures succèdent aux heures sans que nous nous en apercevions. » James Watt conserva jusqu'à la fin de sa vie cet esprit singulièrement inventif et ce talent particulier de conteur.

Cependant les affaires de M. Watt père devenaient chaque jour plus mauvaises. L'enfant comprit qu'il devait par son travail non seulement gagner sa vie, mais subvenir aux besoins de ses parents : il se rendit à Londres en 1755 et se plaça chez un constructeur d'instruments de mathématiques.

L'année n'est pas écoulée que Watt est devenu un ouvrier des plus habiles ; malheureusement sa santé est toujours délicate : les médecins lui ordonnent d'aller respirer l'air natal ; il quitte Londres et revient en Écosse. L'université de Glasgow le nomme conservateur de ses modèles et lui donne un petit local dans lequel il est autorisé à vendre des appareils de physique et de mathématiques.

Ce qu'était Watt à cette époque, un élève de l'université de Glasgow, devenu lui-même un éminent mécanicien, va nous l'apprendre : « Quoique élève encore, dit Robison, j'avais la vanité de me croire assez avancé dans la mécanique et la physique ; mais, lorsqu'on me présenta à Watt, je ne fus pas médiocrement mortifié en voyant à quel point le jeune ouvrier m'était supérieur.

« Dès que, dans l'université, une difficulté nous arrêtait, et quelle qu'en fût la nature, nous courions chez Watt. Une fois provoqué, chaque sujet devenait pour lui un texte d'études sérieuses et de découvertes. Jamais il ne lâchait prise qu'après avoir entièrement éclairci la question proposée... Un jour, la solution désirée sembla nécessiter la lecture d'un livre allemand : Watt apprit aussitôt l'allemand. Dans une autre circonstance, et par un motif semblable, il se rendit maître de la langue italienne... La simplicité naïve de ce jeune homme lui conciliait sur-le-champ la bienveillance de tous ceux qui l'accostaient. Quoique j'aie assez vécu dans le monde, je suis obligé de déclarer qu'il me serait impossible de citer un second exemple d'un attachement aussi sincère et aussi général accordé à quelque personne d'une supériorité incontestée. »

Il y avait dans la collection de l'Université de Glasgow une petite machine à vapeur construite par Newcomen et qui n'avait jamais pu fonctionner. Watt fut chargé de la réparer. C'est à cette occasion qu'il commença ses admirables travaux.

Nous savons tous ce que c'est que de la

vapeur d'eau. Nous avons tous vu bouillir
de l'eau et nous avons remarqué que du
sein de la masse liquide, violemment agitée,
il s'échappait des bulles venant crever à la
surface et formant dans l'air comme un pa-
nache de fumée.

Ce phénomène nous est familier; il nous
a appris que l'eau, comme tous les corps,
pouvait se présenter sous trois états : l'état
solide, l'état liquide, l'état gazeux.

L'eau solide, c'est la glace.

L'eau liquide se transforme à son tour,
par l'action de la chaleur, en une masse
qu'on ne peut saisir (impalpable) et qui est
en général invisible. Tel est d'ailleurs l'air
dans lequel nous vivons : il est également
invisible et impalpable, et cependant sa
présence nous est révélée, soit qu'il caresse
notre visage et fasse frissonner les feuilles
des arbres, soit qu'il pousse doucement sur
les mers les flottes de toutes les nations,
ou qu'il soulève l'océan en vagues furieuses.

Tous les corps, suffisamment chauffés, se

transforment en un air particulier auquel
on a donné le nom de gaz. Ces *gaz* jouissent
de propriétés très différentes suivant le corps
qui leur a donné naissance. Certains d'entre
eux sont colorés; certains autres sont odo-
rants. On arrive même facilement à distin-
guer l'air qui nous environne des gaz carbo-
nique, sulfureux, etc.

Tous les gaz ont cependant une propriété
commune : ils remplissent immédiatement
tous les espaces qu'on leur offre, ce qu'on
exprime en disant qu'ils ont une grande
puissance d'expansion

De même qu'en chauffant un liquide on
le transforme en gaz, on peut refroidir suffisamment tous les gaz pour les *liquéfier*,
c'est-à-dire pour les faire passer à l'état
liquide. Il faut des températures très inéga-
lement basses pour liquéfier les différents
gaz. On est parvenu dans ces derniers
temps à liquéfier l'air et même, en abais-
sant encore la température, à l'obtenir à
l'état solide.

On donne plus particulièrement le nom
de vapeurs aux gaz qui sont très près de
l'état liquide. Ainsi l'eau, au moment où
elle se transforme en gaz par l'action de la
chaleur, porte de préférence le nom de
vapeur.

Par cela même que les gaz ont une ten-
dance à remplir tout l'espace dans lequel
ils sont introduits, on comprend qu'ils
doivent exercer une forte pression sur les
enveloppes dans lesquelles on les enferme,
et tous nos lecteurs ont constaté cent fois
que la vapeur de l'eau soulève le couvercle
d'une marmite pleine d'eau placée sur le
feu.

Cette puissance expansive des gaz était
connue de toute antiquité. Le philosophe
grec Aristote attribuait même les tremble-
ments de terre à la transformation subite de
l'eau en vapeur dans les entrailles de la
terre.

Au commencement du dix-septième
siècle, Salomon de Caus, tout à la fois

peintre et mécanicien, publia sous le titre de *Forces mouvantes* un livre de mécanique dans lequel se trouve indiqué un moyen d'utiliser la force expansive de la vapeur. Une légende s'est formée autour du nom de Salomon de Caus. On a prétendu que ce savant ingénieur avait été considéré comme fou et enfermé à Bicêtre ; que là, recevant un jour la visite du marquis de Worcester, il communiqua au lord anglais sa découverte et enfin que le marquis de Worcester, de retour à Londres, publia sous son nom l'invention de notre compatriote. Bien que cette anecdote ait été popularisée par le théâtre et la gravure, elle est absolument fausse. Nous n'en donnons qu'une seule preuve : la scène que nous venons de rappeler se serait passée, dit-on, en 1641 et Salomon de Caus était mort en 1630.

Toutes ces tentatives n'avaient conduit à aucun résultat pratique. Il était réservé à Denis Papin et à James Watt de doter l'industrie de la machine à vapeur.

Voici en quoi consiste l'idée de Papin.
Prenons un cylindre résistant en métal,
dans l'intérieur duquel pourra glisser un
piston. Ce cylindre sera,
par exemple, semblable
aux conduites qui amè-
nent l'eau dans nos pom-
pes; le piston sera sur-
monté d'une tige pareille
à celles que nous faisons
successivement monter et
descendre quand nous
voulons tirer de l'eau.
Cette comparaison, faite à
l'origine, a précisément
valu au cylindre le nom
de corps de pompe.

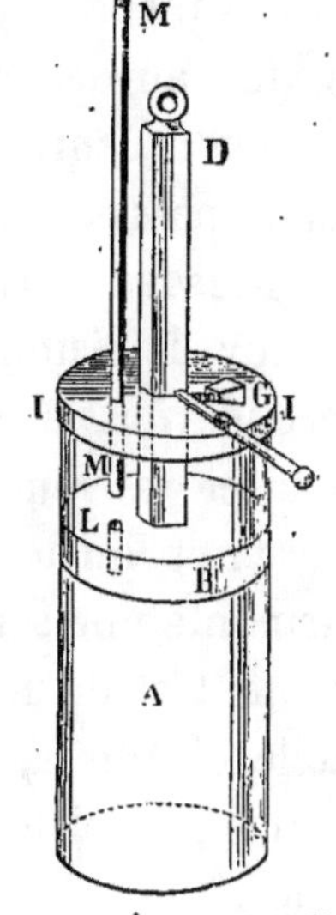

PREMIÈRE MACHINE
DE PAPIN.

Sur notre gravure, qui
représente la première machine de Papin,
on voit en A le corps de pompe, en B le
piston, en D la tige qui le surmonte.

Si nous introduisons de la vapeur au-
dessous du piston, celui-ci va monter.

soulevé par la force expansive de la vapeur.
Au moment où le piston est arrivé au haut
de sa course, si nous supprimons l'arrivée
de la vapeur et que, de plus, nous fassions
le vide au-dessous de lui, le piston va redescendre, entraîné par son propre poids et
par la pression atmosphérique qui agit sur
lui. Faisons arriver un nouveau courant de
vapeur, le piston va remonter; faisons une
seconde fois le vide au-dessous du piston,
celui-ci va redescendre... On peut donc
ainsi imprimer au piston et à la tige qui le
surmonte une série de mouvements de bas
en haut et de haut en bas, qu'il sera très
facile d'utiliser, si par exemple on a fixé
la tige du piston à un mécanisme particulier.

Le mouvement rectiligne et alternatif du
piston fera, par exemple, tourner une roue,
par l'intermédiaire d'une pièce nommée
balancier qu'on aperçoit en A B sur notre
dessin. Ce dessin est d'ailleurs suffisamment
net pour qu'on puisse comprendre, sans

autre explication, comment se produit cette
transformation de mouvement.

Une machine à vapeur se compose donc
de trois parties essentielles : 1° la chaudière
qui produit la vapeur ; 2° l'appareil qui dis-
tribue la vapeur dans le corps de pompe;

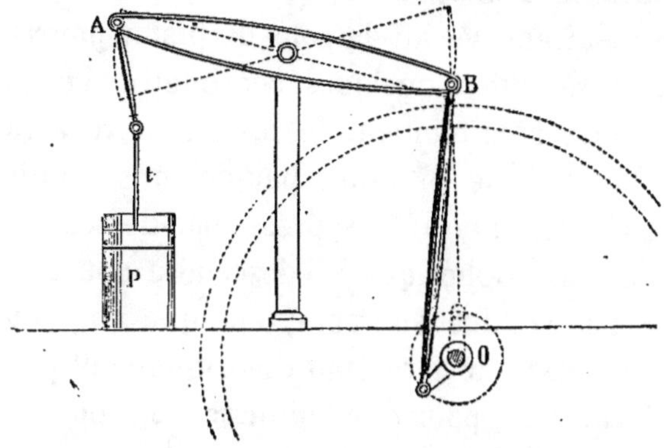

TRANSFORMATION DU MOUVEMENT DU PISTON.

3° le mécanisme qui transmet le mouvement
du piston.

Nous avons dit que Papin, après avoir
lancé la vapeur dans le corps de pompe,
faisait le vide sous le piston, ce qui per-
mettait à celui-ci de descendre. Ce vide,

Papin l'obtenait en refroidissant brusque-
ment le corps de pompe ; la vapeur se trans-
formait par conséquent en eau. On sait
qu'un petit volume d'eau donne un grand
volume de vapeur ; inversement, un grand
volume de vapeur ne donne qu'un très petit
volume d'eau. On comprend que toute la
vapeur amenée au-dessous du piston pourra
être réduite à quelques centimètres cubes
d'eau : à ce moment, le piston ne recevra
plus aucune pression par-dessous tandis
qu'il continuera à être pressé par-dessus par
l'air atmosphérique : il descendra donc.

La machine de Papin, telle que nous venons de la décrire, était théoriquement par-
faite. Mais, pour que l'industrie eût pu l'u-
tiliser, il aurait fallu assurer à l'arrivée de
la vapeur, au refroidissement de cette
vapeur, et, pour tout dire en un mot, aux
mouvements du piston, une régularité que
le modèle construit par Papin était loin
de présenter. Notre compatriote serait parvenu, sans doute, à perfectionner sa ma-

chine; mais sans ressources, découragé,
Papin abandonna ses recherches.

En 1707, deux ingénieurs anglais, Savery
et Newcomen, employèrent, en la modifiant
quelque peu, la machine de Papin pour
épuiser l'eau des mines. Le hasard leur avait
d'ailleurs fourni un moyen très simple de
condenser la vapeur d'eau : au lieu de refroidir extérieurement le corps de pompe, ils
injectaient de l'eau froide dans le cylindre
lui-même.

En examinant une vieille machine de
Newcomen qui se trouvait dans la collection
de l'université de Glasgow, James Watt, à
l'âge de vingt ans, essaya de l'améliorer.

CONDENSEUR. — En théorie, l'idée de Papin et de Newcomen était excellente ; mais
dans la pratique on se heurtait à une difficulté très réelle. Pour faire le vide au-
dessous du piston, on refroidit le corps
de pompe, soit qu'on agisse à l'extérieur,

comme l'indiquait Papin, ou à l'intérieur, en adoptant le dispositif de Newcomen. Mais alors la vapeur qui va être introduite sera d'abord employée à réchauffer le corps de pompe refroidi, et ce ne sera qu'au bout d'un certain temps qu'elle agira sur le piston. Conséquences : arrêt momentané du piston, perte de temps, perte de charbon.

Watt supprima ce grave inconvénient en opérant la condensation de la vapeur dans un vase séparé, totalement distinct du corps de pompe et ne communiquant avec lui qu'à l'aide d'un tube étroit. Mais comment la vapeur sera-t-elle conduite dans ce condenseur ? On n'aura pas besoin de la conduire : dès que, un robinet étant ouvert, le corps de pompe pourra communiquer avec le condenseur, la vapeur se *précipitera d'elle-même dans l'espace froid.*

Cette simple remarque a fait de la machine à vapeur un outil véritablement pratique. N'eût-il imaginé que ce procédé de condensation de la vapeur, Watt mériterait encore la reconnaissance de la postérités. Un seul chiffre va nous faire connaître l'importance matérielle de cette découverte. Tous les industriels qui voulaient appliquer le système de Watt lui payaient une redevance annuelle égale au tiers de l'économie qu'ils réalisaient sur la dépense de charbon ; afin d'éviter une comptabilité ennuyeuse, l'un d'eux consentit à payer chaque année une somme fixe de 60000 francs !

N'est-ce pas ici le lieu de rappeler les rêveries du jeune Watt, en contemplation devant les gouttelettes d'eau que la vapeur déposait sur la théière de l'excellente madame Muirhead, sa tante ?

MACHINE A DOUBLE EFFET. — Quand on faisait le vide au-dessous du piston, celui-ci redescendait par l'action de son poids et de la pression atmosphérique. Watt eut l'idée de faire servir la vapeur successivement à soulever le piston et à le faire descendre.

Notre dessin fait immédiatement comprendre l'idée de Watt.

La vapeur arrive en *d*. Si les deux robinets R′ sont ouverts, la vapeur pénètre sous
le piston dans l'espace A, tandis que, s'il
existe de l'air ou de la vapeur en B, ce gaz
est refoulé dans un condenseur que le robinet supérieur R′ vient d'ouvrir.

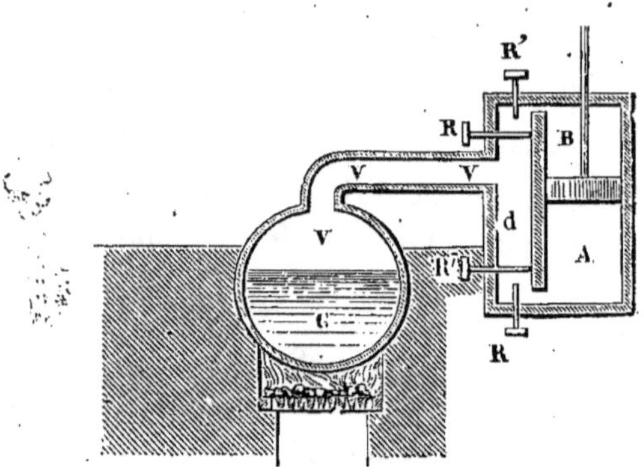

MACHINE A VAPEUR THÉORIQUE.

Le piston est au haut de sa course. Fer-
mons les robinets R′ et ouvrons les deux
robinets R : c'est au-dessus du piston main-
tenant que la vapeur agit. Le piston des-
cend, pendant que la vapeur accumulée
dans l'espace A se rend, grâce au robinet

inférieur R, qui est ouvert, dans le condenseur.

Cette manœuvre de robinets est, il faut le
dire, un peu compliquée. On chargeait au-
trefois de ce soin un enfant. Or, voici ce qui
arriva :

Un jour, un jeune ouvrier, il se nommait
Henri Potter, était préposé à la manœuvre
des robinets. Ses camarades, alors en ré-
création, faisaient entendre des cris de joie
qui le mettaient au supplice. Il brûle d'aller
les rejoindre ; mais le travail qu'on lui a
confié ne permettrait même pas une demi-
minute d'absence. Sa tête s'exalte : la pas-
sion du jeu lui donne du génie. Il relie avec
des cordons les robinets au balancier de la
machine et, par une disposition habile, fait
ouvrir et fermer les robinets par la machine
elle-même.

Ces cordons ont été depuis remplacés par
des tiges rigides ; les robinets eux-mêmes
ont été remplacés par des pièces spéciales
dont Watt a donné plusieurs modèles et qui,

sous l e nom de *tiroirs*, permettent à la vapeur de se distribuer successivement au-
dessus et au-dessous du piston.

Si je voulais donner une idée complète
des travaux de James Watt, il me faudrait

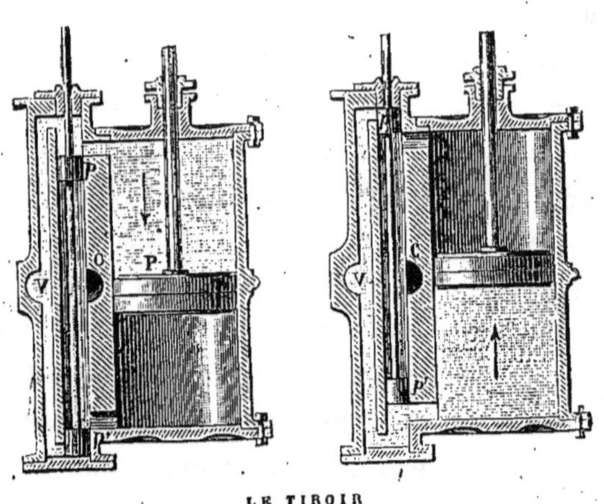

écrire un gros volume. J'aurais à expliquer
comment il arriva à ne faire agir la vapeur
sous le piston que pendant les deux tiers de
sa course; comment il régularisa l'envoi
de cette vapeur de manière à assurer au

LA MACHINE A VAPEUR

piston un mouvement uniforme...... J'en ai
dit assez cependant pour faire comprendre
la légitime admiration provoquée par les
travaux de ce grand homme.

Lord Liverpool, premier ministre de la
couronne, appelle Watt « un des hommes
les plus extraordinaires auxquels l'Angleterre ait donné naissance ». Le grand chi-
miste Davy s'écrie : « Portez vos regards sur
la métropole de ce puissant empire (l'Angleterre), sur nos villes, sur nos villages, sur
nos arsenaux, sur nos manufactures ; examinez les cavités souterraines et les travaux
exécutés à la surface du globe ; contemplez
nos rivières, nos canaux, les mers qui bai-
gnent nos côtes : partout vous trouverez
l'empreinte des bienfaits éternels de ce grand
homme. »

D'ailleurs le génie de Watt ne se préoc-
cupa pas seulement de la machine à vapeur.
Ce fut Watt qui inventa la presse à copier
en 1780 ; ce fut lui qui, en 1783, imagina le
chauffage à la vapeur et fit connaître, en

même temps que Lavoisier, la composition de l'eau.

Voici dans quelles circonstances fut imaginée cette presse à copier dont l'usage est aujourd'hui général : Watt avait pour amis la plupart des savants les plus distingués de son époque. Ils avaient formé entre eux une société qui portait le nom de *Société lunaire*, nom bizarre qui rappelait que les réunions avaient lieu une fois par mois, au·moment de la pleine lune. La raison de ce choix était bien simple : les rues étaient peu ou pas éclairées et, grâce à la lune, les savants pouvaient rentrer sans danger chez eux.

Dans ces séances, il était naturellement question de tous les problèmes scientifiques dont les différents membres s'occupaient. Un jour, l'un d'eux raconta qu'il avait imaginé certaine plume à deux becs à l'aide de laquelle on pouvait écrire chaque chose deux fois et par conséquent obtenir l'original et la copie d'une lettre.

« J'espère trouver une meilleure solution
du problème, repartit Watt presque aussitôt ; je mûrirai mes idées ce soir et je vous
les communiquerai demain. »

Le lendemain la presse à copier était
inventée.

Voici une curieuse anecdote que nous
empruntons à François Arago. Une com-
pagnie avait établi à Glasgow, sur la rive
droite du fleuve, de grands bâtiments et de
puissantes machines destinées à porter de
l'eau dans toutes les maisons de la ville.
Quand le travail fut achevé, on s'aperçut
qu'il existait près de la rive opposée une
source, ou plutôt une espèce de filtre naturel qui donnait à l'eau des qualités supé-
rieures. On ne pouvait songer à déplacer le
bâtiment ; on avait pensé à installer un
tuyau rigide dont l'embouchure se serait
constamment trouvée dans la nappe d'eau
potable. Mais il fallait construire au fond
de l'eau un plancher pour soutenir ce
tuyau, car le fond de la rivière, inégal,

changeant, vaseux, ne l'aurait pas supporté.
Watt fut consulté. Sa solution était toute
prête : en voyant un homard sur sa table
quelques jours auparavant, il avait cherché
et trouvé comment la mécanique pourrait,
avec du fer, engendrer une pièce à articula-
tions qui aurait toute la mobilité de la queue
du crustacé. C'est donc un tuyau de conduite articulé, une sorte de queue de homard en fer, qu'il proposa et qui fut essayé
avec succès.

Nous avons dit qu'en 1757 Watt, installé
à l'université de Glasgow, commença ses
recherches sur la machine à vapeur. Faute
d'argent, Watt ne pouvait soumettre ses
idées à des épreuves décisives; il abandonna
donc momentanément ses travaux, quitta
l'université et exerça quelque temps l'état de
géomètre-arpenteur. En 1768, grâce aux
ressources qui lui furent offertes par le doc-
teur Roebuck, il fit construire sa première
machine.

Cinq ans après, Watt s'associait à un fabricant très riche de Birmingham, M. Boulton ; à partir de ce moment, sa fortune grandit chaque jour. Nous avons dit qu'un seul industriel lui donnait 60 000 francs par an pour avoir le droit de se servir de son appareil de condensation.

La gloire vint en même temps que la fortune. Les principales Sociétés savantes l'admirent dans leur sein ; l'Institut de France le compta au nombre de ses associés.

L'âge n'altéra en rien les précieuses qualités de son esprit.

« Les qualités du cœur, a dit Arago, étaient chez Watt encore au-dessus des mérites du savant. Une candeur enfantine, la plus grande simplicité de manières, l'amour de la justice poussé jusqu'au scrupule, une inépuisable bienveillance ont laissé de lui des souvenirs ineffaçables. »

Voici le portrait que le grand romancier anglais Walter Scott a tracé de notre héros dans la préface de son ouvrage *le*

Monastère : « Watt n'était pas seulement
le savant le plus profond ; il n'occupait pas
seulement un des premiers rangs parmi

JAMES WATT, D'APRÈS LE MÉDAILLON DE DAVID
D'ANGERS.

ceux qui se font remarquer par la généralité
de leur instruction : il était encore le meil-
leur, le plus aimable des hommes. La
seule fois que je l'aie rencontré, il était en-
touré d'une petite réunion de littérateurs
du Nord..... Dans la quatre-vingt-unième

année de son âge, le vieillard, alerte, aimable, bienveillant, prenait un vif intérêt à
toutes les questions; sa science était à la
disposition de qui la réclamait. Il répandait
les trésors de son talent et de son imagination sur tous les sujets. Parmi les gentlemen
se trouva un profond philologue; Watt dis-
cuta avec lui sur l'origine de l'alphabet
comme s'il eût été le contemporain de Cad-
mus. Un célèbre critique s'étant mis de la
partie, vous eussiez dit que le vieillard avait
consacré sa vie tout entière à l'étude des
belles-lettres et de l'économie politique. »

On raconte qu'à l'âge de soixante-dix-
sept ans Watt eut un instant la crainte de
voir baisser ses facultés. Il craignait qu'aucun des siens ne consentît à l'avertir de ce
déclin de son esprit, et alors il imagina,
pour reconnaître lui-même l'état de son
cerveau, d'apprendre la langue anglo-
saxonne! Il fit de tels progrès dans cette
étude, que ses craintes se dissipèrent immédiatement.

Watt moùrut le 25 août 1819. Son corps repose dans l'église paroissiale de Heath-field, près de Birmingham. L'Angleterre lui fit de magnifiques funérailles.

Une statue de Watt orne l'une des salles de l'université de Glasgow; une seconde statue a été placée dans la bibliothèque de la ville de Greenock; enfin, une souscrip-tion publique a produit une somme impor-tante avec laquelle le sculpteur Chantrey a pu exécuter une statue colossale, en mar-bre de Carrare, placée dans l'abbaye de Westminster.

Bien que la machine à vapeur eût été presque immédiatement utilisée dans l'in-dustrie, ce ne fut que 70 ans après les tra-vaux de Watt qu'elle fut employée sous le nom de locomotive au transport des voya-geurs.

Précisons un peu les dates. C'est vers 1700 que Papin imagine la machine à va-peur.

En 1764 James Watt modifie la machine

de Papin en faisant arriver la vapeur successivement au-dessus et au-dessous du piston et en condensant cette vapeur après qu'elle a produit son effet.

En 1770, un ingénieur français, Cugnot, construit la première machine mue par la vapeur.

En 1800, l'Américain Olivier Evans fait circuler dans les rues de Philadelphie une voiture à vapeur.

En 1825, le premier chemin de fer est établi en Angleterre.

Enfin, en 1830, l'ingénieur anglais Stephenson résout complètement le problème de la traction à vapeur.

L'établissement d'une locomotive présentait, même après les perfectionnements de Watt, de sérieuses difficultés. On ne pouvait disposer que d'une quantité relativement faible de charbon et d'eau : celle que la machine transporte avec elle; on ne pouvait se mouvoir facilement quand le terrain était irrégulier; on ne pouvait faciliter le tirage de la cheminée en lui donnant une grande hauteur, à cause des tunnels peu élevés sous lesquels la locomotive devait passer.

En 1830 toutes ces difficultés avaient disparu.

L'irrégularité du sol n'était plus un obstacle, car on avait imaginé en Angleterre de faire circuler les roues des voitures sur des barres de fer unies appelées *rails*.

La transformation rapide de l'eau en vapeur avait été obtenue grâce aux *chaudières tubulaires* imaginées par notre compatriote Seguin. Ces chaudières se composaient d'un grand nombre de tubes horizontaux remplis d'eau et chauffés en même temps par la flamme du foyer. L'eau chauffée dans toute sa masse se transforme presque instantanément en vapeur.

Enfin, l'ingénieur Stephenson eut l'idée de lancer le jet de vapeur, après qu'il a agi sur le piston, dans l'intérieur de la cheminée. Ce jet détermine un courant d'air, un tirage qui entraîne au dehors les produits de la combustion, sans qu'il soit nécessaire de donner à la cheminée de grandes dimensions.

Aujourd'hui l'industrie dispose de 50 000 locomotives, tant en Europe qu'en Amérique. Ce nombre se décompose comme il suit : États-Unis, 14 200 ; Angleterre 11 900 ; Allemagne, 5 900 ; France, 5 400 ; Russie, 2 600 ; Autriche, 2 400 ; Italie 1 200....

Certains trains qui ont mérité le nom de « Trains-éclairs » parcourent jusqu'à 20 lieues (80 kilomètres) par heure ! Voilà le résultat actuel des magnifiques travaux auxquels seront pour toujours associés les noms de Papin et de Watt.

FIN

PARIS. — IMPRIMERIE ÉMILE MARTINET, RUE MIGNON, 2.

www.ingramcontent.com/pod-product-compliance
Lightning Source LLC
Chambersburg PA
CBHW071404030726
47594CB00006B/2337